石油工程隐患风险分级控制手册

李建林　李红瑞　杨厚天　等编

石油工业出版社

内 容 提 要

本书系统规范了石油工程隐患管理,建立了物探、钻井、试油(气)、录井、测井、固井、压裂酸化等11个专业的隐患风险分级标准,对于石油服务企业查治隐患、规范现场管理具有较强的指导作用。

本书可作为石油相关专业的安全管理人员、监督管理人员、生产管理人员和操作员工培训学习用书。

图书在版编目(CIP)数据

石油工程隐患风险分级控制手册/李建林等编 .
北京:石油工业出版社,2014. 2
ISBN 978 - 7 - 5183 - 0014 - 3

Ⅰ. 石…
Ⅱ. 李…
Ⅲ. 石油工程 - 风险管理 - 手册
Ⅳ. TE - 62

中国版本图书馆 CIP 数据核字(2014)第 027638 号

────────────────────

出版发行:石油工业出版社
         (北京安定门外安华里2区1号 100011)
         网   址:http://pip.cnpc.com.cn
         编辑部:(010)64523535 发行部:(010)64523620
经   销:全国新华书店
印   刷:北京中石油彩色印刷有限责任公司
2014 年 2 月第 1 版   2014 年 2 月第 1 次印刷
787 × 1092 毫米 开本:1/64 印张:2. 3125
字数:42 千字 印数:1—12000 册
定价:12. 50 元
(如出现印装质量问题,我社发行部负责调换)

《石油工程隐患风险分级控制手册》

编 委 会

主 任: 李建林

副主任: 李红瑞　杨厚天

委 员: 田建军　刘　石　余　淼

罗晓密　周俊红　徐雅芩

金雪梅　周　浩　朱兴荣

黎忠贵　刘　斌　陈礼彬

张和开　叶永蓉　聂　磊

郑　斌　冯赵剑　罗先志

任　英

主 编: 杨厚天

前　言

　　为进一步细化、明确石油服务企业各专业施工作业现场常见隐患风险等级，强化隐患管理，按照《中华人民共和国安全生产法》、《中国石油天然气集团公司石油与天然气钻井井控规定》、《中国石油天然气集团公司石油与天然气井下作业井控规定》、《石油企业现场安全检查规范》等法律法规、规章制度，特编制《石油工程隐患风险分级控制手册》。本手册主要包括了《施工现场停工停产管理暂行办法》和《常见隐患风险分级标准》两部分。《施工现场停工停产管理暂行办法》明确了停工停产的条件、停工执行与复工审核以及停产执行与复产验收等环节的流程与规定，针对性的消除隐患、有效控制风险，实现健康、安全与环保管理持续改进。《常见隐患风险分级标准》收集了物探、钻井、试油（气）、录井、测井、固井、压裂酸化、连续油管、油气田地面建设、交通运输、消防安全等专业的常见隐患，对常见隐患进行风险评估，建立了各专业常见隐患风险分级标准。

本手册对于石油服务企业查治隐患、规范现场管理具有较强的指导作用，其他单位从事石油相关专业的安全管理人员、监督人员、生产管理人员及岗位操作员工可参考使用。

本手册由李建林、李红瑞、杨厚天策划、顶层设计、编排计划和审核。

本手册中《施工现场停工停产管理暂行办法》主要由李建林、李红瑞、杨厚天编写；《常见隐患风险分级标准》物探专业部分主要由刘斌、陈忠编写，钻井专业部分主要由李阳、周俊红、徐雅芩等编写，试油（气）专业部分主要由陈礼斌、殷攸久、金雪梅等编写，测井专业部分主要由罗晓密、晏建军等编写，油气田地面建设专业部分主要由黎忠贵、杨厚天等编写，交通运输专业部分主要由苏治国、朱兴荣等编写。另外在编写过程中，得到了相关单位的大力支持，在此一并表示感谢。

由于编写人员水平有限，疏漏和不足之处在所难免，恳请广大读者批评指正。

目　录

第一部分　施工现场停工停产管理暂行办法

第一章　总　　则

第一条　为保障员工生命安全和公司财产安全，预防各类安全事故发生，特制订本办法。

第二条　本办法所指停工是对作业现场员工违反有关标准、制度、规定的行为采取停止该员工作业的措施；停产是指对施工作业现场不具备安全生产条件采取停止生产的措施。

第三条　本办法适用于公司所属各单位、全资公司。

为公司服务的承包商、分包商在

施工作业现场应遵循本办法。

第二章 职 责

第四条 公司及公司所属单位的生产、安全、设备、技术等部门组织的检查、审核组组长以及安全监督机构具有停工停产的权力,其他检查组成员具有停工停产建议权。

第五条 各级人事、劳资部门负责对被停工人员进行培训和考核。

第六条 各级生产部门负责落实施工作业现场停产管理。

第七条 公司各级监督机构是所监督单位的施工现场停工停产管理的执行机构:

(一)负责对作业现场员工违反有关标准、制度、规定的行为进行停工;

(二)负责对不具备安全生产条件的施工作业现场进行停产;

(三)负责监督施工现场停工停产执行;

(四)负责监督被停产的施工现场复产验收。

第八条　公司各单位是施工现场停工停产管理的责任主体:

(一)负责落实施工现场停工停产要求;

(二)负责组织被停工的员工培训及考试;

(三)负责组织被停产的施工现场进行整改;

(四)负责被停工的员工复工通知单的签发;

(五)负责被停产的施工现场复产

申请；

（六）负责本单位施工现场停工停产管理。

第三章　停工停产的条件

第九条　符合下列条件之一，必须对相关人员进行停工处理：

（一）不具备相应资质的员工。如：特种作业人员无特种作业操作证或者证件过期、员工不清楚本岗位应知应会内容等；

（二）累计违章扣分达到 8 分的员工；

（三）发生重大违章或岗位出现重大隐患的员工；

（四）生产安全事故的直接责任者；

（五）不执行停工停产指令的施工作业现场负责人；

（六）其他严重影响自身或他人安全的行为。

第十条　符合下列条件之一,必须对施工现场进行停产处理：

（一）发生一般 B 级及以上生产安全事故；

（二）施工作业现场隐患数量多（一次检查、审核发现）：

1. 地面建设工程、试油（气）、钻井作业现场隐患总数超过 40 个或者较大隐患超过 5 个；

2. 物探、测井、录井、井下作业等其他作业队现场隐患总数超过 30 个或者较大隐患超过 3 个；

3. 车队、后勤、车间等其他场所

隐患总数超过 20 个或者较大隐患超过 2 个;

4. 现场出现重复隐患超过 10 个或者上级检查、审核发现隐患未整改的超过 10 个;

(三)存在重大及以上隐患;

(四)其他需要停产处理的情况。

第四章 停工执行与复工审核

第十一条 被停工的员工所在基层单位接到停工通知单后,立即对相关员工进行停工处理,连续作业的岗位必须立即安排相应岗位人员进行顶替,不得影响相关单位施工作业及生产安全,确保生产连续性。

第十二条 被停工的员工可采取自行学习的方式,有条件的公司所属单位举办停工培训班对停工人员进行集中培训。发生一般 C 级事故停工学习 3 天,发生一般 B 级事故停工学习 6 天,发生一般 A 级事故停工学习 1 个月;学习结束后由公司所属单位人事劳资部门组织书面考试,考试合格后,安排被停工人员上岗。

第五章　停产执行与复产验收

　　第十三条　对符合停产条件的,检查人员应在现场签发停产通知单;对于连续施工不能立即停产的施工现场,施工单位必须制订确保生产安全的防范措施,停产指令下达单位(部门)须与同级工程技术部门或相应主管部门协商后下达停产通知单。

施工现场接到停产通知单后应立即停产整改。施工单位及时将停产信息通报给甲方。

第十四条 被停产的施工现场接到停产通知单后必须上报其所在单位,由所在单位组织相关部门落实施工现场停产整改工作。

第十五条 按照"谁停产、谁组织验收"的原则,被停产的施工现场整改完毕自验收合格后,由其所在单位向停产指令下达单位(部门)申请复产,停产指令下达单位(部门)接到复产申请后,2个工作日内进行验收或者委托安全监督机构验收,具备复产条件的签发复产通知单,不具备复产条件的继续停产整改直至合格。

第六章 处 罚

第十六条 被停工的员工按照员工奖惩管理有关办法执行。

第十七条 停产期间施工现场所发生的运行费用和造成的损失由被停产的施工单位承担。

第十八条 对于不执行停工停产指令的相关人员按照重大管理违章进行处理,同时对施工现场负责人进行停工处理。

第十九条 对于应当发现问题或者发现问题不按照规定下达停工停产指令者按照严重管理违章进行处理,一周内施工现场发生事故的,按照事故管理有关规定追究责任。

第七章 附 则

第二十条 本办法涉及违章分级、隐患分级、事故分级以及违章处理执行公司违章分级标准、隐患分级标准、事故管理规定和违章行为管理办法。

第二十一条 公司所用通知单由安全环保节能处统一印制。各单位所用通知单参照公司所用通知单自行印制。

第二十二条 本办法由公司安全环保节能处负责解释。

第二十三条 本办法自印发之日起执行。

附件：1. 停产通知单（样表）
　　　2. 复产申请单（样表）
　　　3. 复产通知单（样表）

附件 1

停产通知单

____停(产)字20____第____号

_____:

　　根据《××工程公司施工现场停工停产管理暂行办法》_____,现责令你单位_____立即停产整改,限____年____月____日前整改完成并填写《复产申请单》报_____申请复查,经复查验收并同意复产后方可恢复施工。在此期间你单位应采取措施,防止发生生产安全事故。逾期未申请复查或未进行整改,将按公司有关规定进行处罚。

　　　　　签发单位(部门):

　　　　签　发　人:

　　　　　　　　年　月　日

　　注:本通知单一式三联,施工现场、监管机构、签发单位(部门)各一联。

附件 2

复产申请单

二级单位 名称		施工现场 名称	
停产通知单编号			
施工现场 整改情况	施工现场负责人：_____（签名） 　　　　　____年___月___日		
二级单位 验收意见	主管领导：_____（签名） 　　　　　____年___月___日		
签发单位 （部门）或 监督机构 验证意见	验证人：_____（签名） 　　　　　____年___月___日		
备注			

附件3

复产通知单

＿＿复(产)字20＿＿第＿＿号

＿＿＿＿＿＿＿＿＿:

关于你单位＿＿＿＿＿复产申请单已收悉,经验证你单位已按照要求进行了整改,同意你单位＿＿＿＿＿复工,施工期间必须落实安全措施,防止发生生产安全事故。

签发单位(部门):

签　发　人:

年　月　日

注:本通知单一式三联,施工现场、监管机构、签发单位(部门)各一联。

第二部分　常见隐患风险分级标准

1　物探专业

1.1　一般隐患

1.1.1　安全帽帽体损伤,顶带、后箍、下颚带、缓冲垫破损或超期使用。

1.1.2　防静电场所作业人员的劳动防护用品无防静电标识。

1.1.3　涉水作业的救生衣缺失。

1.1.4　冬季作业防寒帽、防寒手套等防护设施缺失。

1.1.5　野外营地各功能区安全间距不足或功能存在缺陷(参照 Q/SYCQZ 369—2011《西北物探队 HSE

工作规范》)。

1.1.6 营房车、办公生活区的楼道防护栏不全或破损。

1.1.7 固定营地帐篷的钢钎头露出地面部分未设置保护。

1.1.8 作业及生活场所逃生路线、风险标识缺失(地陷凹洞、通道上檐低于人高、水坑未遮盖,无 HSE 提示、警示标志、应急口哨、应急集合点、逃生路线图、属地责任人及电话、急救电话、当地火警电话、禁止烟火区域标识等)。

1.1.9 作业场所、生活场地(楼道、浴室、食堂厨房、储藏间、餐厅)通风、照明不良。

1.1.10 人行过道或工作场所地面湿滑。

1.1.11 员工宿舍内的取暖煤炉
1m 范围内放置有杂物、易燃物。

1.1.12 发电机未接地或接地电
阻大于4Ω。

1.1.13 发电机房内发电机底部
缺失垫木板或绝缘胶皮。

1.1.14 营地用电的临时性埋地
敷设电缆深度小于0.3m,室外的架设
高度低于4.5m。

1.1.15 电源接头、电源板等无
"CCC"标志,电源线出现裸露、老化、
破损。

1.1.16 电气设备暴露在室外的
插座、接头、操作面板、照明灯具、电气
开关等无防雨和防潮保护。

1.1.17 电源接入闸离地小
于1.3m。

1.1.18 营房内使用带插座的灯口和卡口灯口。

1.1.19 电热水器无漏电保护器或漏电保护器失效。

1.1.20 应急药品缺失或过期，急救包内所配置的药品无针对性，无药品清单及使用说明。

1.1.21 电器设备的安全附件未检验或缺失。

1.1.22 营地饮用水质未经有资质的相关部门检验。

1.1.23 营地停车场进、出口视线不良，夜间照明不足。

1.1.24 机修场所的照明灯电压大于36V。

1.1.25 燃气热水器烟道位置及安装方向不规范。

1.1.26 液化气瓶罐减压阀与胶管接口处连接无管卡。

1.1.27 液化气罐体无防倒措施,气管老化龟裂。

1.1.28 液化气瓶距离火源的安全距离小于1m。

1.1.29 氧气瓶、乙炔瓶的防护钢帽缺失。

1.1.30 氧气表、乙炔表检验符合性缺失。

1.1.31 氧气瓶、乙炔瓶、氮气管的管线有缺陷。

1.1.32 临时储油罐、加油机未接地或接地电阻大于10Ω。

1.1.33 临时加油点距离高压线小于30m。

1.1.34 临时加油点周围30m内

动火。

1.1.35　油罐出口和加油软管之间的阀门缺失。

1.1.36　电器设备漏电保护器缺失或失效。

1.1.37　材料库内油料、油漆、木桩等物资混合摆放,固体物资与气体物资未分类存放,储存(容易混淆的、有危险性的、有期限要求的)物资无相关标识。

1.1.38　噪声、振动、电磁辐射等作业场所个人防护设施缺失。

1.1.39　营地灭火器配置类型与数量按配置单元计算不能满足 GB 50016—2006《建筑设计防火规范》中的危险等级标准,计算单元内配置的灭火器数量少于 2 具。

1.1.40 灭火器的保险销脱落、喷管断裂、喷嘴损坏、压力不够或压把损坏。

1.1.41 消防应急通道物品阻塞,通道狭窄。

1.1.42 消防器材存放位置被遮挡,性能标识牌缺失,灭火器与泥土胶结,不能起到快速应急灭火的作用。

1.1.43 灭火器摆放位置和方式不合理(与油料距离过近或放在油桶上,两具灭火器捆绑,不能及时取等)。

1.1.44 容纳15台车的停车场灭火器数量不满足:8kg 的 ABC 干粉灭火器10具以上,20kg 以上的手推式干粉灭火器2具。

1.1.45 临时材料库灭火器配置数量少于8kg 干粉灭火器2具。

1.1.46　厨房无灭火毯。

1.1.47　机修作业点废油、废料等物品摆放零乱。

1.1.48　修理地沟闲置时护栏或盖板防护缺失。

1.1.49　电焊机输出极(直流正极)裸露。

1.1.50　电焊机电源线老化严重。

1.1.51　千斤顶的锁检装置失效。

1.1.52　金属切割机电源开关损坏。

1.1.53　工具摆放在运转的设备上。

1.1.54　砂轮机防护罩、托板缺失。

1.1.55 车床防护网高度未达到 1.8m。

1.1.56 维修作业脚手架防护失效。

1.1.57 多功能钻机作业现场无供油呼吸阀。

1.1.58 电瓶与汽油桶距离小于 2m。

1.1.59 空气钻机高压油管、高压气管外保护皮破裂。

1.1.60 空气钻机压力表安全检测仪表失效或缺失。

1.1.61 钻机和动力机的设施不全或存在缺陷(无地木梁、无撑杆,拉绳固定不牢,相关连接点无插销,固定螺丝不齐,立柱合箱固定螺杆缺失,桅杆插销缺失,铁马车钻井架固定插销缺失,柴油机排气管损坏,动力机风扇损坏)。

1.1.62 钻机旋转部位防护装置缺失或失效。

1.1.63 墩钻作业的卷扬机上提钢丝绳卡缺失。

1.1.64 车载钻机停靠在斜坡时无防滑措施,无三角垫木(数量不够或起不到防护作用)、撑脚垫木缺失。

1.1.65 高温天气油料储存无遮阳与降温设施。

1.1.66 供油桶(罐)与动力机排气口距离小于 2m。

1.1.67 空气钻机作业时,钻具井口防尘罩缺失。

1.1.68 钻机的钢丝绳磨损超过10%,或钢丝绳有毛刺。

1.1.69 钻井作业警戒半径小于 5m。

1.1.70 钻井作业现场未设置"注意防尘"、"噪声有害"、"保持距离"等警告标识。

1.1.71 空气钻机作业人员的防尘口罩不符合行业要求。

1.1.72 装卸、操作钻机人员防砸劳保皮鞋缺失。

1.1.73 高温季节固定临时存油点的防晒网缺失。

1.1.74 工区内的工程货车无上下扶梯。

1.1.75 高山陡坡地段作业时，保险绳、云梯等登山工具配置不满足 Q/SYCQZ 369—2011《西北物探队 HSE 工作规范》的要求。

1.1.76　采集传输架空线离地高度小于5m。

1.1.77　采集作业的公路警戒时,无反光警示等安全标识。

1.1.78　仪器车上、下梯无护梯或护梯固定不牢。

1.1.79　仪器车、设备维修点未配备 CO_2 灭火器。

1.1.80　震源车工作时,距车体10m内有闲杂人员。

1.1.81　震源车部件间未紧固。

1.1.82　震源车安全防护装置缺陷。

1.1.83　推土机指挥人员与推土机距离小于10m。

1.1.84　民爆物品运输车的安全警示标志缺失。

1.1.85　民爆物品运输车内,固定雷管箱的装置缺失。

1.1.86　民爆库区防火、防静电、防射频警示标志缺失。

1.1.87　民爆库区内有杂物。

1.1.88　雷管箱内有杂物。

1.1.89　临边作业时,安全防护设施缺失。

1.1.90　工区内自修路桥、云梯等警示标志缺失。

1.1.91　采集作业的公路警戒时,无反光警示等安全标识。

1.1.92　其他类似情况。

1.2　较大隐患

1.2.1　应急通讯不通畅。

1.2.2　会议室、办公区、计算机房等电器线路承载能力不足。

1.2.3 烤火取暖场所的炉盖、排烟筒、CO 烟雾报警器缺失。

1.2.4 燃气热水器与浴室同置一室内。

1.2.5 供暖锅炉水位计报警设施、压力表缺失或安全装置未检测。

1.2.6 电梯维护、检查、保养记录缺失。

1.2.7 液化气瓶体无检验合格证。

1.2.8 起重设备的连锁装置失效。

1.2.9 有毒气体作业区域检测仪器缺失。

1.2.10 有毒气体作业区域正压空气呼吸器缺失。

1.2.11 乙炔瓶瓶口无防回火

装置。

1.2.12 易燃易爆作业场所无消防器材或全部失效。

1.2.13 井位与高压线、地下设施、地面建筑、水库、矿山采空区等的安全距离不够时,实施钻井作业。

1.2.14 作业队的自建桥防倾倒支撑柱松动或自建人行吊桥防护栏(网)存在隐患。

1.2.15 过河滑轮索道吊篮与滑轮连接部位不牢固。

1.2.16 水域区域作业时,河床水位上涨超过车辆渡河安全警戒线时,无禁止通行通告。

1.2.17 登高作业防坠落装置缺失。

1.2.18 高压线附近测量作业

时,撑高天线或标杆与高压线的安全距离小于国家《电力设施保护条例实施细则》规定值。

1.2.19　仪器车接地保护线未接地。

1.2.20　仪器车停放位置不符合安全要求(与高压线的安全距离不足或临边停靠等)。

1.2.21　民爆物品运输车静电释放带缺失和失效。

1.2.22　下药现场防静电设施缺失。

1.2.23　下药作业无专用压药杆、无源测试仪缺失或无效。

1.2.24　夜间放炮作业安全设施(反光背心、井口警示标志、安全帽、防爆灯具等)缺失。

1.2.25　其他类似情况。

1.3　重大隐患

1.3.1　井位与地下天然气管道、地下军用或通信光缆、高层建筑或馆所、寺庙、煤矿采空区、隧道、悬崖下方、大型水渠或涵洞等的安全距离不足时,实施下药作业。

1.3.2　盲炮登记信息不全或账目不清。

1.3.3　民爆库无报警装置或失效。

1.3.4　民爆库库区安全防护及隔离缺失。

1.3.5　冲沟作业紧急逃生装置缺失。

1.3.6　办公场所与营地设置在高压线下、冲沟、低洼地段或易垮塌地段。

1.3.7　民爆物品库房避雷针的接闪器、引下线腐蚀失效,接地电阻超标。

1.3.8　极寒冷季节作业,防寒取暖物资缺失。

1.3.9　租用的临时营地建筑物存在严重的安全风险(如危房等)。

1.3.10　其他类似情况。

2　钻井专业

2.1　一般隐患

2.1.1　井场与营房的安全标识牌不齐全、位置错误或固定不牢固。

2.1.2　管架两侧无挡销,各层边缘未固定或固定不牢靠。

2.1.3　管排架与井架梯子距离小于3m。

2.1.4 工具、器材摆放不规范，影响安全通道。

2.1.5 作业工作台面随意摆放工具，设备上放置工具和零部件等物品。

2.1.6 工作场所堆放杂物，存有积液、积雪、积冰，逃生通道狭小、不畅通或堵塞，转盘未设防滑垫或防滑垫破损严重，方井盖板有空洞未遮盖。

2.1.7 钻井液油侵后未及时清理钻井液池中的废油。

2.1.8 工作场所无照明灯或照明灯损坏。

2.1.9 工作平台地板不平坦且相邻地板构件之间间隙大于 59mm，台面钢板、花纹铁板严重腐蚀，灌口、槽盖未铺盖。

2.1.10　钻井液材料随意堆放，未下垫上盖，无防潮措施；工作场所工件物料码放高度超过2.0m，码垛高宽之比大于2。

2.1.11　倒换钻具时管排架上管具打捆未放置平稳或无防滑落措施，放置区域未设置警戒线。

2.1.12　钻井液池、污水池、沉砂池、井场隔油池、生活污水池等危险区域无防护栏或警示隔离带。

2.1.13　钻井液池（罐）、废液池、油罐区未采取防渗漏措施或防渗漏措施失效。

2.1.14　设备基础无排水设施或排水失效。

2.1.15　井场与营房的消防器材配置种类、数量不足，缺失，过期，损坏或未挂牌管理。

2.1.16 灭火器的筒体严重锈蚀、喷管开裂、堵塞,干粉灭火器压力不在规定范围内,二氧化碳灭火器质量小于标准质量95%。

2.1.17 钻台、井架、机泵房、远控房、钻井液循环系统等区域安装不防爆电器设备和照明器具,或防爆功能失效。

2.1.18 电器设备接地电阻大于4Ω,其他接地电阻大于10Ω;油罐防静电接地电阻大于10Ω,防雷接地电阻大于30Ω。

2.1.19 高压电力线架设高度低于4.5m,低压电力线架设高度低于3m,距柴油机排气管、井架绷绳小于2.5m,机房、净化系统照明灯具距底座面小于1.8m,电力线跨越油罐。

2.1.20 架空线路档距大于35m,线间距小于0.3m。

2.1.21 同一个控制开关控制2台及2台以上用电设备。

2.1.22 电源线未采用标准件连接。

2.1.23 移动式配电箱、开关箱中心点与地面的垂直距离超出0.8~1.6m范围。

2.1.24 设备控制开关未标识或控制开关箱位置不合理、固定不牢。

2.1.25 配电室内通道堵塞,无应急灯、安全警示牌,通风不良。

2.1.26 配电室母线未标识,控制开关未标识。

2.1.27 电线未按规定连接,与

其他设备摩擦,浸泡在水、油和泥浆中(潜水泵除外)。

2.1.28 电焊钳损坏,焊接电缆接头超过 2 个或绝缘外层损坏。

2.1.29 电热板四周或上面有可燃物或易燃物。

2.1.30 台钻在未使用时钻头未卸下,手柄不全或缺失。

2.1.31 切割机操作手柄无控制开关或开关失效,切割片破损,护罩不全。

2.1.32 砂轮机托架与砂轮间隙大于 3mm,砂轮片边缘距卡盘小于 5mm,护罩不全。

2.1.33 高于 1.2m 的通道或平台未安装护栏,操作平台护栏无踢脚板。

2.1.34　固定式直立梯固定不牢,中间缺踏棍,变形、锈蚀严重。

2.1.35　井架直梯安全护笼距起程地面大于3m,直梯未延伸至到达面护栏的高度,笼箍不全、变形严重。

2.1.36　大门绷绳地锚固定不牢。

2.1.37　起重绞车、电(手)动葫芦、滑轮等吊钩无自锁装置,或锁舌损坏、失效。

2.1.38　风向标数量、设置不符合井控实施细则规定或损坏。

2.1.39　防爆排风扇、有毒有害气体监测仪、正压式空气呼吸器、防护器具、应急报警装置等,存在故障、缺陷或数量不足。

2.1.40　死绳、起井架大绳与井

架直接摩擦,无防护措施。

2.1.41 钻台梯子少于 2 个,架设不稳定、坡度不合适、台阶面不平整、无安全保险绳,两端出口通道不畅。

2.1.42 钻台、机房和钻井液罐栏杆固定不牢、缺失,或用铁丝、绳索等代替。

2.1.43 大门坡道安装不牢固,坡面变形严重,未加保险绳。

2.1.44 绞车未安装排绳器或排绳器固定不牢、损坏。

2.1.45 钢丝绳卡与绳径不符,或用螺杆等填塞,绳卡间距不在标准范围内。

2.1.46 钻机起放大绳使用超过 5 年或起放次数超过 50 次。

2.1.47　手工具手柄断裂、缺失，榔头手柄用铁棒、钢丝绳等代替。

2.1.48　安全帽过期，帽壳、帽衬、下颚带、附件等腐蚀或损坏。

2.1.49　无应急药品或应急药品无配置清单、使用说明书。

2.1.50　高压钻井液管线、泄压管线固定不牢，未按要求安装保险绳（链），高压钻井液管汇未挂牌、无标识。

2.1.51　氧气、乙炔气瓶露天存放，在室内存放未固定，防震圈、护帽缺失。

2.1.52　绷绳、保险绳和 B 型吊钳、液气大钳、套管钳的吊绳、钳尾绳等钢丝绳不符合标准，或存在断丝、腐蚀、扭曲、打结、变形等缺陷。

2.1.53 重锤式或插拔式防碰天车引绳不符合标准或存在断丝、腐蚀、扭曲、打结、变形。

2.1.54 设备设施连接、固定不牢靠,缺少拉筋、螺栓、销轴或销轴退移,以小代大,锁销不齐或用其他物品代替。

2.1.55 柴油机排气管无冷却灭火装置或破漏、失效,出口朝向油罐区或钻井液循环系统。

2.1.56 油罐未设置外部液位标尺。

2.1.57 钻井泵空气包压力表失灵或损坏,充气压力不在 2.5~6MPa。

2.1.58 防喷器与转盘中心偏差大于 10mm。

2.1.59 防喷器未用直径 16mm

及以上单独钢丝绳和正反螺丝(手动葫芦)在井架底座的对角线上固定绷紧,使用撬杠、木棒将绳索绞紧固定。

2.1.60 防喷器安装完后井口应回填但未回填。

2.1.61 防喷器等井控装置连接法兰未使用专用螺栓、螺栓不齐全,未留余扣。

2.1.62 防喷器朝向不符合要求、未安装挡泥伞。

2.1.63 防喷器液控管线未采用专用管线,管线及连接处漏油。

2.1.64 闸板防喷器手动操作杆不全,操作杆中心与锁紧轴之间夹角大于30°或操作杆连接存在缺陷,转动不灵活。

2.1.65 闸板防喷器手动操作杆

未支撑牢固、关闭行程不够,手轮距操作面高度大于 1.5m。

2.1.66 防喷器远程控制房与放喷管线距离小于 1m,周围 10m 内堆放易燃、易爆、易腐蚀物品。

2.1.67 远程控制房未接通气源控制,电路未接专线。

2.1.68 远程控制房储能器及管汇压力不足,油量不足。

2.1.69 远程控制房控制手柄与控制对象工作状态不符,剪切闸板控制手柄未安装防护罩和定位销,全封闸板控制手柄未安装防护罩。

2.1.70 控制管线未放置在管排架内,管排架未用螺栓连接,未使用的管线未相互连接或端头未保护。

2.1.71 管排架上有杂物,车辆

跨越处未安装过桥板或其他保护措施。

2.1.72 井口装置、节流管汇、压井管汇、防(放)喷管线的闸门挂牌标识不清楚或与开关状态不相符合。

2.1.73 井口装置、节流管汇、压井管汇、防(放)喷管线的闸门开关不灵活,手轮、护帽不齐全。

2.1.74 套管头压力表损坏、失灵、被积液淹没或不便于观察,压力表止回阀关闭。

2.1.75 放喷管线少于两条,通径小于78mm;转弯处未使用角度大于120°的铸(锻)钢弯头或未使用90°的铸钢专用两通。

2.1.76 放喷管线出口距井口小于75m(含硫井100m),距各种设施小于 50m。

2.1.77 放喷管线每隔 10 ~ 15m 未固定,悬空跨度超过 10m 中间未支撑,转弯处两端未固定,出口处未采用双基双卡固定。

2.1.78 放喷管线弯曲严重,试压值小于 10MPa。

2.1.79 放喷管线连接法兰未露出地面、螺栓未上紧、两端无余扣,钻杆螺纹未上紧。

2.1.80 钻井液回收管线出口未接至钻井液罐(池),且固定不牢靠,转弯处未使用角度大于 120° 的铸(锻)钢弯头,其通径小于 78mm。

2.1.81 放喷管线固定基墩坑小于 0.8m × 0.8m × 1.0m(长 × 宽 × 深),遇地表松软时基坑体积小于

1.2m³,地脚螺栓预埋深度小于 0.5m,地脚螺栓直径小于 20mm。

2.1.82 放喷管线出口燃烧筒未安装自动点火装置或未准备手动点火工具、长明火。

2.1.83 节流和压井管汇未安装高低压量程压力表,压力表未安装缓冲器和截止阀,高量程压力表未处于常开状态,低量程压力表未处于关位。

2.1.84 低量程压力表量程大于 16MPa。

2.1.85 节控箱上未标注最大关井压力值。

2.1.86 节控箱油、气路压力不在规定范围,漏油、漏气。

2.1.87 司钻控制台未固定牢固,油、气压力不在规定范围,压力表损坏，未标识控制对象，全封控制手柄无防误操作装置。

2.1.88 液面报警器未固定牢固，液面报警器设置螺栓缺失，气路不通，喇叭损坏。

2.1.89 储备重钻井液脱水、分层、沉淀。

2.1.90 液气分离器连接法兰螺栓不齐或未上紧、无余扣。

2.1.91 液气分离器进液管线、排气管线固定压板不匹配，固定不牢固，液气分离器固定在设备上。

2.1.92 液气分离器进液管线、排气管线不畅通，高压软管线未穿保险绳。

2.1.93 、液气分离器外置式出口管未装"U"形管，直接接到振动筛。

2.1.94　液气分离器未安装压力表,不便于观察。

2.1.95　液气分离器安全阀未定期检验,安全阀未朝向井场外。

2.1.96　液气分离器出口与设备设施安全距离小于20m,未配置点火装置或准备长明火。

2.1.97　未配备与井内管柱和方钻杆尺寸相匹配的死卡及备用直径22mm钢丝绳100m,无死卡稳定销。

2.1.98　无与井内管柱尺寸相匹配的防喷单杆或防喷立柱,无钻具止回阀、转换接头和抢装工具。

2.1.99　仪表安装不齐全、失效,未按规定校验或未粘贴检验标签。

2.1.100　综合液压站、盘刹液压站管线及连接部分漏油。

2.1.101 气瓶及安全附件未按期检验、铅封损坏、标志牌缺失,安全阀及管线堵塞、泄漏,提升手柄卡死或未正确就位,出口朝向人行通道。

2.1.102 储油罐、供油管线、油泵漏油。

2.1.103 高压立管、地面高压管汇刺漏。

2.1.104 防护罩网眼开口尺寸、安全距离不符合规定。

2.1.105 欠平衡设备摆放区无应急通道。

2.1.106 欠平衡、气体钻井未在燃烧筒附近增设风向标。

2.1.107 空气钻井高压注气管汇转弯处及泄压管线出口无基墩固定,基墩尺寸小于 0.5m × 0.5m ×

0.5m(长×宽×高),高压软管线无保险绳。

2.1.108 气体钻井旋转控制头出砂口与排砂管线之间无液控截止阀。

2.1.109 气体钻井排砂管线没有按规定固定,管线有刺漏。

2.1.110 气体钻井设备区域无警戒线、无应急通道、无消防器具。

2.1.111 气体钻井井场内旋转控制头出砂口与排砂管线连接装有弯头。

2.1.112 气体钻井排砂管线转弯及出口无基墩固定,基墩尺寸小于0.8m×0.8m×0.8m(长×宽×高),悬空段大于10m无支撑固定。

2.1.113 气体钻井高压注气管

汇卸压管出口无消音器。

2.1.114 其他类似情况。

2.2 较大隐患

2.2.1 电器设备控制开关绝缘壳(绝缘板、绝缘手柄)缺失或损坏。

2.2.2 开关箱未设置断路器(熔断器)和漏电保护器。

2.2.3 配电箱、开关箱内有杂物。

2.2.4 电线穿墙未使用护管,营房内无漏电保护器或损坏。

2.2.5 配电箱、开关箱安装不牢固,电源线连接松动,电控箱门未关闭、进电箱未上锁。

2.2.6 VFD 房、MCC 房、SCR房、发电房等电控柜门敞开,后防护盖缺失。

2.2.7 使用 I 类手持式电动工具未接地接零,或无漏电保护器。

2.2.8 吊索具存在缺陷(钢丝绳打结、腐蚀生锈、钢丝断裂、股心变形、铝合金压制接头裂纹或变形等,吊带出现破损,吊链出现焊接、锈蚀、打结,卸扣出现变形等),钢丝绳套未标示管理。

2.2.9 保险带存在破损、尾绳散股等缺陷。

2.2.10 设备、营房起重悬挂吊耳存在缺陷。

2.2.11 无压井液循环回路、无灌浆管线。

2.2.12 防喷器远程控制房未安装在井场大门左前侧,距井口少于 25m。

2.2.13 值班房、发电房、油罐区距离井口小于 30m，发电房与油罐区距离小于 20m，锅炉房距井口小于 50m 或处在上风侧。

2.2.14 在用有效防碰天车少于两套。

2.2.15 天车平台、二层操作平台、立管平台上栏杆不齐全或固定不牢固，钻杆挡销无保险绳。

2.2.16 死绳固定器压板螺丝太短，上端无背帽、下端螺纹未完全旋入。

2.2.17 绞车刹车毂开裂、漏水。

2.2.18 绞车刹带安装不平、间隙不均匀，调节并帽未紧固，连杆装置开口销缺失。

2.2.19 盘刹储能器胶囊破损或

充气压力不足。

2.2.20 柴油罐、储备罐、循环罐、发电房基础掏空或下陷。

2.2.21 闸门压力等级低于管汇额定压力等级。

2.2.22 钻井泵泄压管固定不牢、无保险绳或出口朝向安全通道。

2.2.23 高压软管鼓包或内钢丝断裂。

2.2.24 B型吊钳、液气大钳、套管钳钳尾绳未安装,钳尾桩裂纹。

2.2.25 吊钩、卸扣磨损严重,或存在焊接、裂纹、过火等缺陷。

2.2.26 二层台无逃生装置或无法正常使用。

2.2.27 井架无防坠落装置或失效。

2.2.28 设备旋转部位的防护装置不齐或固定不牢。

2.2.29 电线绝缘防护龟裂严重或存在裸线。

2.2.30 压力容器无安全泄压装置,或使用期间未安装压力表,在安全阀和容器之间安装闸门或截止阀。

2.2.31 氧气瓶和乙炔气瓶混装、混放,使用乙炔气无回火止回阀。

2.2.32 营房摆放在边坡、公路长下坡、急转弯等危险地带。

2.2.33 邻近注水或注气(汽)井未停注、泄压。

2.2.34 易燃、易爆、腐蚀物品露天存放或放在住人房间内。

2.2.35 目的层气体钻井岩屑取样器距井口少于30m。

2.2.36 气体或泡沫钻井空压机、增压机、基液注入泵、注入管汇试压值小于额定工作压力的 80%。

2.2.37 欠平衡钻井旋转控制头壳体及液动阀试压在不超过套管抗内压强度 80% 的前提下,试静压未达到其额定工作压力。

2.2.38 欠平衡钻井旋转总成试动压未达到其工作压力。

2.2.39 欠平衡钻井燃烧管线直径未在 178～250mm 规定范围内;无防回火装置;点火装置未满足全天候点火要求。

2.2.40 欠平衡钻井防爆工具上无铜榔头、铜扳手等。

2.2.41 气体钻井旋转控制头及排砂出口液压截止阀试压值未达到规

定值。

2.2.42　气体钻进期间防喷管线内控闸阀处于常开状态。

2.2.43　加重材料与重钻井液储备低于设计要求。

2.2.44　其他类似情况。

2.3　重大隐患

2.3.1　井口装置压力等级、组合与设计不符合。

2.3.2　使用试压不合格的井口装置、防喷管汇和放喷管线等。

2.3.3　闸板芯子尺寸与井内管柱尺寸不匹配。

2.3.4　钻开油气层前未按设计进行验收。

2.3.5　气体钻进不符合施工设计安全要求。

2.3.6　钻井大绳死活绳端未按要求紧固、松动。

2.3.7　钻井大绳一捻距断丝超过 3 丝。

2.3.8　绞车带刹刹带块厚度小于 15mm。

2.3.9　液压盘式刹车安全钳刹车块与刹车盘间隙大于 0.5mm,工作钳刹车块与刹车盘间隙大于 1mm,液压盘式刹车安全钳和工作钳刹车块磨损至标记槽未更换。

2.3.10　钻井泵保险销钉设置位置大于缸套额定压力。

2.3.11　防碰天车失效。

2.3.12　井口距高压线及其他永久设施小于 75m, 或距民宅小于 100m,或距铁路、高速公路少于 200m,

或距学校、医院和大型油库等人口密集性、高危性场所小于 500m,且未按照安全、环境评估所提意见进行处置。

2.3.13 进入油气层钻井,放喷管线未安装。

2.3.14 井架主体结构变形、扭曲等。

2.3.15 钻机超负荷运行无相应措施。

2.3.16 井架基础掏空、下陷。

2.3.17 在同一作业现场同时进行钻井、试油、压裂、采油、原油拉运等交叉作业,且未纳入统一安全管理。

2.3.18 井场或营地处于洪水线、垫方、滑坡、悬崖及塌陷地段无防范措施。

2.3.19 钻井作业使用的锅炉、

,防雷接地电阻大于 30Ω。

3.1.18　高压电力线架设高度低
4.5m,低压电力线架设高度低于
m,距柴油机排气管、井架绷绳小于
5m,机房、净化系统照明灯具距底座
面小于 1.8m,电力线跨越油罐。

3.1.19　架空线路档距大于
85m,线间距小于 0.3m。

3.1.20　同一个控制开关控制 2
台及 2 台以上用电设备。

3.1.21　未设置安全警戒区;方
井内作业人员未配备安全绳。

3.1.22　移动式配电箱、开关箱
中心点与地面的垂直距离超出 0.8 ~
1.6m 范围。

3.1.23　设备控制开关未标识或
位置不合理。

井架等未定期检验或检验不合格。

2.3.20　其他类似情况。

3　试油(气)专业

3.1　一般隐患

3.1.1　作业区域未设置围栏或
安全警示带。

3.1.2　井场、营房安全标识牌不
齐全、位置错误或固定不牢固。

3.1.3　管架两侧无挡销,各层边
缘未固定或固定不牢靠。

3.1.4　作业工作台面随意摆放
工具,设备上放置工具和零部件等
物品。

3.1.5　工作场所堆放杂物,逃生
通道狭小、不畅通或堵塞。

3.1.6　清污分流不畅,作业现场
存在大量的残酸、加砂液和原油。

3.1.7　工作场所无照明灯或照明灯损坏。

3.1.8　工作平台地板不平坦且相邻地板构件之间间隙不大于59mm，台面钢板、花纹铁板严重腐蚀，罐口、槽盖未铺盖。

3.1.9　压井材料堆放凌乱，未下垫上盖，无防潮措施；工作场所工件物料码放高度超过2.0m，码垛高宽之比大于2。

3.1.10　倒换管柱时，管柱打捆未放置平稳或无防滑落措施，放置区域未设置警戒线。

3.1.11　残酸池、废液池、油罐区未采取防渗漏措施或防渗漏措施失效，油罐区无集油池或集油池集油多。

3.1.12　残酸池、污水池等坑池

未安装防护栏和安全挡...

3.1.13　作业机、循...罐、发电房、化学品存放...或排水失效。

3.1.14　井场与营房...配置种类、数量不足，缺失...或未挂牌管理。

3.1.15　灭火器的筒体...蚀，喷管开裂、堵塞，干粉灭火...不在规定范围内，二氧化碳灭...量小于标准质量的95%。

3.1.16　井口30m范围内安...防爆电器设备和照明器具，或防爆...能失效。

3.1.17　电器设备接工作保护...接地电阻大于4Ω，重复接地线电阻小于10Ω；油罐防静电接地电阻大于

3.1.24 带压钻孔作业未配置可燃气体监测仪、硫化氢监测仪、防爆排风扇。

3.1.25 电线未按规定连接,与其他设备摩擦,浸泡在水、油和泥浆中(潜水泵除外)。

3.1.26 电焊钳损坏,焊接电缆接头超过2个或绝缘外层损坏。

3.1.27 电热板四周或上面有可燃物、易燃物。

3.1.28 电热锅炉保护装置(触电保护、压力保护)失效。

3.1.29 电焊机、等离子切割机、高压清洗机、手持电动工具无PE保护或漏电保护。

3.1.30 双电源供电无防误操作开关,防误开关作负荷开关使用。

3.1.31 钳工修理房台钻在未使用时钻头未卸下,操作手柄不全或缺失。

3.1.32 切割机操作手柄无控制开关或开关失效,切割片破损,护罩不全。

3.1.33 砂轮机托架与砂轮间隙大于 3mm,砂轮片边缘距卡盘小于 5mm,护罩不全。

3.1.34 高于 1.2m 的通道或平台未安装护栏,操作平台护栏无踢脚板。

3.1.35 固定式直立梯固定不牢,中间缺踏棍,变形、锈蚀严重。

3.1.36 大门绷绳地锚固定不牢。

3.1.37 揽风绳不符合规定、锚

固不牢固,钢丝绳腐蚀严重。

3.1.38 起重绞车、电(手)动葫芦、滑轮等吊钩无自锁装置,或锁舌损坏、失效。

3.1.39 风向标数量、设置不符合井控实施细则规定或损坏。

3.1.40 防爆排风扇、有毒有害气体监测仪、正压式空气呼吸器、防护器具、应急报警装置等,存在故障、缺陷或数量不足。

3.1.41 死绳、起井架大绳与井架直接摩擦,无防护措施。

3.1.42 钻台梯子少于2个,架设不稳定、坡度不合适、台阶面不平整、无安全保险绳,两端出口通道不畅。

3.1.43 钻台、作业机、循环罐、

压井液储备罐、灌浆罐栏杆固定不牢、缺失，或用铁丝、绳索等代替。

3.1.44　大门坡道安装不牢固，坡度不合适，坡面变形严重，未加保险绳。

3.1.45　钢丝绳卡与绳径不符，或用螺杆等填塞，绳卡间距不在标准范围内。

3.1.46　手工具手柄断裂、缺失，榔头手柄用铁棒、钢丝绳等代替。

3.1.47　安全帽过期，帽壳、帽衬、下颚带、附件等腐蚀或损坏。

3.1.48　高压钻井液管线、泄压管线固定不牢，未按要求安装保险绳（链）。

3.1.49　氧气、乙炔气瓶露天存放，在室内存放未固定，防震圈、护帽缺失。

3.1.50　绷绳、高压管线保险绳和 B 型吊钳、油管钳、套管钳的吊绳、钳尾绳等钢丝绳不符合标准,或存在断丝、腐蚀、扭曲、打结、变形等缺陷。

3.1.51　作业机采用重锤式或插拔式防碰天车引绳不符合标准,或存在断丝、腐蚀、扭曲、打结、变形。

3.1.52　设备设施连接、固定不牢靠,缺少拉筋、螺栓、销轴或销轴退移,以小代大,锁销不齐或用其他物品代替。

3.1.53　柴油机排气管未安装灭弧装置,出口朝向井口。

3.1.54　高架油罐未设置外部液位标尺。

3.1.55　钻井泵空气包压力表失

灵或损坏;充气压力不在 2.5 ~ 6MPa
范围内。

3.1.56　防喷器与转盘中心偏差
大于10mm。

3.1.57　防喷器等井控装置连接
法兰未使用专用螺栓、螺栓不齐全,未
留余扣。

3.1.58　防喷器朝向不符合
要求。

3.1.59　防喷器液控管线未采用
专用管线,管线及连接处漏油。

3.1.60　闸板防喷器手动操作杆
不全,操作杆中心与锁紧轴之间夹角
大于30°或操作杆连接存在缺陷,转动
不灵活。

3.1.61　闸板防喷器手动操作杆
未支撑牢固,关闭行程不够;手轮距操

作面大于 1.5m。

3.1.62　防喷器远程控制房与放喷管线距离小于 1m,周围 10m 内堆放易燃、易爆、易腐蚀物品。

3.1.63　远程控制房未接通气源控制,电路未接专线。

3.1.64　远程控制房储能器及管汇压力不足,油量不足。

3.1.65　远程控制房控制手柄与控制对象工作状态不符,剪切闸板控制手柄未安装防护罩和定位销,全封闸板控制手柄未安装防护罩。

3.1.66　控制管线未放置在管排架内,管排架未用螺栓连接,未使用的管线未相互连接或端头未保护。

3.1.67　管排架上有杂物,车辆跨越处未安装过桥板或其他保护措施。

3.1.68 井口装置、节流管汇、压井管汇、防（放）喷管线的闸门挂牌标识不清楚或与开关状态不相符合。

3.1.69 井口装置、节流管汇、压井管汇、防（放）喷管线的闸门开关不灵活，手轮、护帽不齐全。

3.1.70 防喷、放喷管线通径小于57mm；转弯处使用角度小于90°的铸钢弯头。

3.1.71 放喷管线出口距井口小于50m（含硫井75m），距各种设施小于50m。

3.1.72 放喷管线每隔10～15m未固定，悬空中间支撑不牢，转弯处未采用双基双卡，采用单基双卡的基坑未到达标准要求，出口处未采用双卡固定。

　　3.1.73　放喷管线试压值小于10MPa。

　　3.1.74　无人工远程点火工具。

　　3.1.75　节流和压井管汇未安装高低压量程压力表,压力表未安装缓冲器和高压旋塞阀,高量程压力表未处于常开状态,低量程压力表未处于关位。

　　3.1.76　低量程压力表量程大于16MPa。

　　3.1.77　节控箱上未标注最大关井压力值。

　　3.1.78　节控箱油、气路压力不在规定范围,漏油、漏气。

　　3.1.79　司钻控制台未固定牢固,油、气路压力不在规定范围,压力表损坏;未标识控制对象,全封控制手柄无防误操作装置。

3.1.80 液面报警器未固定牢固,液面报警器设置螺栓缺失,气路不通,喇叭损坏。

3.1.81 储备压井液脱水、分层、沉淀。

3.1.82 液气分离器连接法兰螺栓不齐或未上紧、无余扣。

3.1.83 液气分离器进液管线、排气管线固定压板不匹配,固定不牢固。

3.1.84 液气分离器固定在设备上。

3.1.85 液气分离器进液管线、排气管线不畅。

3.1.86 液气分离器未安装压力

表,不便于观察。

3.1.87　液气分离器安全阀未安装或未定期检验,安全阀未朝向井场外。

3.1.88　液气分离器出口与设备设施安全距离小于 20m,未配置点火装置或准备长明火。

3.1.89　液气分离器泄压管线出口未接至安全地带,高含硫井未接至污水池。

3.1.90　未配备与井内管柱和方钻杆尺寸相匹配的死卡,固定死卡的钢绳直径大于 19mm,无钢丝绳固定座。

3.1.91　无与井内管柱尺寸相匹配的防喷单杆或防喷立柱,无与管柱匹配的旋塞阀、止回阀和抢装工具。

3.1.92 仪表安装不齐全、失效，未按规定校验或未粘贴检验标签。

3.1.93 综合液压站、盘刹液压站管线及连接部分漏油。

3.1.94 气瓶及安全附件未按期检验、铅封损坏、标志牌缺失，安全阀及管线堵塞、泄漏，提升手柄卡死或未正确就位，出口朝向人行通道。

3.1.95 储油罐、供油管线、油泵漏油。

3.1.96 高压立管、地面高压管汇刺漏。

3.1.97 防护罩网眼开口尺寸、安全距离不符合规定。

3.1.98 绳索作业的导向滑轮无安全护罩，固定不牢固。

3.1.99 压裂液罐未安装等电位

线,电阻值大于 10Ω;电器设备未安装工作保护线(PE 线)。

3.1.100　其他类似情况。

3.2　较大隐患

3.2.1　电器设备控制开关绝缘壳(绝缘板、绝缘手柄)缺失或损坏。

3.2.2　开关箱未设置断路器(熔断器)和漏电保护器。

3.2.3　配电箱、开关箱内有杂物。

3.2.4　电线穿墙未使用护管,营房内无漏电保护器或损坏。

3.2.5　井架起升液压管线、液缸漏油。

3.2.6　吊索具存在缺陷(钢丝绳打结、腐蚀生锈、钢丝断裂、股心变形、铝合金压制接头裂纹或变形等;吊带

出现破损;吊链出现焊接、腐蚀、打结;
卸扣出现变形等),吊绳吊带未实行标
识管理。

3.2.7 保险带存在破损、尾绳散
股等缺陷。

3.2.8 设备、营房起重悬挂吊耳
存在缺陷。

3.2.9 防喷器远程控制房未安
装在井场左前侧,距井口少于25m。

3.2.10 二层台逃生装置未处于
应急状态。

3.2.11 值班房、发电房、油罐
区、油品提篮、天然气气举车、变压器
距井口小于30m,发电房与油罐区相
距小于20m。

3.2.12 蒸汽锅炉、生活营房距
井口小于50m或处在上风侧。

3.2.13　点火坑距离高压输电线、森林、地面油气集输管线以及其他永久性设施距离不足 50m;发电机排气管距离树木等易燃物距离不足 10m。

3.2.14　无压井液循环回路、无灌浆管线。

3.2.15　高含硫井液气分离器泄压管线未接至污水池或安全地带。

3.2.16　酸化作业井燃烧池无转酸池。

3.2.17　使用有效防碰天车少于两套;未安装防提装置,防提装置失效。

3.2.18　天车平台、二层操作平台上栏杆不齐全或固定不牢固,钻杆挡销无保险绳。

3.2.19 绞车大绳死活绳端绳卡不齐全或不紧固,死绳固定器压板螺丝太短,上端无背帽、下端螺纹未完全旋入。

3.2.20 井架绷绳锚固点距离、几何尺寸不符合规定,砂灰比不符合标准;钢丝绳规格小于规定;花篮螺丝小于 22mm、余扣少于 5 扣,绷绳安装不对称,影响井架变形;绳卡数量不足和方向安装错误;钢丝绳腐蚀严重。

3.2.21 配酸作业人员未配置护目镜、口罩、防酸手套等个人防护用品。

3.2.22 绞车刹车毂开裂、漏水。

3.2.23 作业机绞车大绳死活绳端绳卡不齐全或未紧固,绳卡间距不符合要求。

3.2.24　作业机绞车刹带安装不平、间隙不均匀,调节并帽未紧固,刹带块厚度小于15mm,液压盘式刹车安全钳和工作钳刹车块磨损至标记槽未更换,连杆装置开口销缺失。

3.2.25　液压盘式刹车安全钳刹车块与刹车盘间隙大于0.5mm,工作钳刹车块与刹车盘间隙大于1mm。

3.2.26　转盘刹车装置失效。

3.2.27　柴油罐、储备罐、循环罐、发电房基础掏空或下陷。

3.2.28　闸门压力等级低于管汇额定压力等级。

3.2.29　钻井泵保险销钉设置大于缸套额定压力,泄压管固定不牢或出口朝向安全通道。

3.2.30　B型吊钳、液气大钳、套

管钳钳尾绳未安装,钳尾桩裂纹。

3.2.31 吊钩、卸扣磨损严重,或存在焊接、裂纹、过火等缺陷。

3.2.32 二层台无逃生装置或无法正常使用。

3.2.33 井架无防坠落装置或失效。

3.2.34 司钻操作室内视频装置失效、声讯装置失效。

3.2.35 设备旋转部位的防护装置不齐或固定不牢。

3.2.36 电线绝缘防护龟裂严重或存在裸线。

3.2.37 压力容器无安全泄压装置,或使用期间未安装压力表,在安全阀和容器之间安装闸门或截止阀。

3.2.38 氧气瓶和乙炔气瓶混

装、混放,使用乙炔气无回火止回阀。

3.2.39　营房摆放在边坡、公路长下坡、急转弯等危险地带。

3.2.40　邻近注水或注气(汽)井未停注、泄压。

3.2.41　酸化作业、液氮作业、射孔作业未设置警戒线;无安全防护用具。

3.2.42　易燃、易爆、腐蚀物品存放在露天或住人房间内。

3.2.43　电缆射孔作业未配置钢丝绳切割器。

3.2.44　酸罐、砂罐未配置滑块式防坠器;装砂作业未设置安全警戒带。

3.2.45　酸化、压裂高压管汇未安装保险带。

3.2.46　压裂液罐无栏杆,罐面

破损,罐及连接管线存在跑冒滴漏。

3.2.47　酸液罐无液位计或液位计堵塞、破损,连接阀件、管线材质不抗酸腐蚀。

3.2.48　配酸作业人员未配置护目镜、口罩、防酸手套等个人防护用品。

3.2.49　配电箱、开关箱安装不牢固,电源线连接松动、未采用标准件连接,电控箱门未关闭、进电箱未上锁。

3.2.50　使用 I 类手持式电动工具未连接 PE 线或安装小于 60mA 的漏电保护器。

3.2.51　其他类似情况。

3.3　重大隐患

3.3.1　井口装置压力等级、抗硫等级、组合与设计不符合。

3.3.2 加重材料或重钻井液储备低于设计要求。

3.3.3 闸板芯子尺寸与井内管柱尺寸不匹配。

3.3.4 井架主体结构变形、扭曲,或存在裂缝。

3.3.5 井架基础掏空、下陷。

3.3.6 井场和驻地处在洪水线、垫方、滑坡、悬崖及塌陷地段,且无防范措施。

3.3.7 使用的锅炉未定期检验或检验不合格。

3.3.8 井口距高压线及其他永久设施小于75m,距民宅小于100m,距铁路、高速公路小于200m,距学校、医院和大型油库等人口密集性、高危性场所小于500m,且无防范措施。

3.3.9 未按规定配置硫化氢监测仪、可燃气体监测仪及 CO_2 监测仪等。

3.3.10 紧急停车装置失效。

3.3.11 未按照设计要求配备原油罐(池)。

3.3.12 绞车大绳一捻距断丝超过 3 丝。

3.3.13 其他类似情况。

4 录井专业

4.1 一般隐患

4.1.1 录井房门口台阶不平整。

4.1.2 录井房逃生通道存在障碍物。

4.1.3 录井房、电烤箱未接地。

4.1.4 录井房进线盒损坏或者漏水。

4.1.5 声光报警仪失效。

4.1.6 录井房无漏电保护装置或者漏电保护装置失效。

4.1.7 录井房配电箱、电烤箱等易触电区域无警示标识。

4.1.8 电线连接包扎不规范,绝缘防护老化龟裂严重或存在裸线,与其他设备摩擦。

4.1.9 录井电器设备漏电。

4.1.10 电烤箱无自动控温装置或自动控温装置失效。

4.1.11 电烤箱封闭盖板缺失。

4.1.12 电烤箱运行期间,烤箱排气管距墙壁距离小于20cm。

4.1.13 烤箱岩屑夹持器手柄不绝缘或绝缘功能失效。

4.1.14 录井房应急灯失效。

4.1.15　录井房照明不良、地质室通风不良。

4.1.16　池体积、扭矩、流量等传感器故障。

4.1.17　远传卫星装置固定不牢。

4.1.18　循环系统等防爆区传感器无隔爆胶圈或隔爆胶圈失效。

4.1.19　气测全烃、硫化氢等关键井控参数不设置报警门限值。

4.1.20　危险化学药品随意放置,不用柜(箱)上锁管理。

4.1.21　化学药品没有标识或标示残缺无法识别。

4.1.22　标准样气瓶不使用时减压阀未卸下。

4.1.23　过期标准样气瓶或空瓶无标示。

4.1.24 有毒有害气体监测仪、正压式空气呼吸器等安全防护设备存在故障或缺陷。

4.1.25 便携式、固定式硫化氢监测仪等强检安全设施不检验或检验过期。

4.1.26 安全帽过期,帽壳、帽衬、下颚带、附件等腐蚀或损坏。

4.1.27 急救药品过期。

4.1.28 灭火器筒体严重锈蚀,喷管开裂、堵塞,干粉灭火器压力不在安全范围内,二氧化碳灭火器质量小于标准质量的95%。

4.1.29 现场油气水漏、地层压力、硫化氢等关键邻井资料不齐。

4.1.30 木质砂样盒铁钉外露、底板不牢。

4.1.31 砂样盒、岩心盒堆码高度超过 1.5m,无防垮塌、防坠落装置。

4.1.32 砂样盒、岩心盒上重下轻堆放。

4.1.33 其他类似情况。

4.2 较大隐患

4.2.1 仪器房距井口小于 30m。

4.2.2 含硫化氢区域作业,无有毒有害气体监测仪。

4.2.3 综合录井队正压式空气呼吸器、安全带等安全防护设备缺失。

4.2.4 录井房安装在靠近陡壁、陡坎或者易塌方场所,无逃生通道或者易坠落区域无防护栏杆。

4.2.5 其他类似情况。

4.3 重大隐患

4.3.1 气测全烃、液面报警等关

键装置失效。

4.3.2 录井房摆放在易发生洪涝、泥石流、滑坡、崩塌等自然灾害场所。

4.3.3 其他类似情况。

5 测井专业

5.1 一般隐患

5.1.1 测井装源专用工具缺失。

5.1.2 电缆缆芯阻值大。

5.1.3 仪器车压紧仪器的气囊漏气。

5.1.4 仪器车夜间照明不良。

5.1.5 井口通信系统故障。

5.1.6 井口视频系统故障。

5.1.7 仪器推靠系统失效。

5.1.8 测井仪器漏电。

5.1.9 下井仪器插针松动。

5.1.10 天、地滑轮防电缆跳槽装置缺失。

5.1.11 T型卡钢丝绳保护缺失。

5.1.12 下井仪器在井下出故障。

5.1.13 装配射孔弹专用工具缺失。

5.1.14 射孔枪管螺纹有毛刺。

5.1.15 射孔枪管密封环节有锈蚀、污物。

5.1.16 射孔枪弹架有毛刺。

5.1.17 射孔枪枪架固定不牢。

5.1.18 射孔枪弹架定位销缺失。

5.1.19 射孔弹有效期过期。

5.1.20 拆除井口设施、设备留

下的隐患。

5.1.21　电缆扭力过大。

5.1.22　施工现场安全距离不够。

5.1.23　地面张力计校验过期。

5.1.24　地面张力计计量不准确。

5.1.25　井下张力计计量不准确。

5.1.26　电缆外层钢丝有断裂。

5.1.27　电缆外径误差偏大。

5.1.28　车辆接地线电阻大于10Ω。

5.1.29　仪器串组合过长。

5.1.30　投球丢枪装置的剪切销和弹爪损伤。

5.1.31　绞车系统一般故障（频

繁死机、不报警、乱报警等）。

5.1.32　深度系统误差超标。

5.1.33　空气呼吸器有缺陷。

5.1.34　硫化氢检测仪故障。

5.1.35　射孔校深无短油管、短套管。

5.1.36　射孔校深时地滑轮固定装置缺失。

5.1.37　射孔点火时井液未满。

5.1.38　油传射孔时压力传递通道不畅。

5.1.39　电缆拉力试验机失效。

5.1.40　基地行车安全部件失效。

5.1.41　钻具传输测井对接通道不畅。

5.1.42　仪器扶正器捆绑不

牢固。

5.1.43　下井仪器密封装置有缺陷。

5.1.44　电缆弱点设置不合理。

5.1.45　钻具传输测井工具与井队设施不配套。

5.1.46　放射源探测器失效。

5.1.47　下井仪器平衡油欠压。

5.1.48　射孔弹外壳有擦痕。

5.1.49　导爆索有折痕。

5.1.50　导爆索受潮。

5.1.51　射孔测试联作时，与测试队的连接工具不匹配。

5.1.52　接触放射源时放射性剂量牌缺失。

5.1.53　电雷管检测表失效。

5.1.54　起枪前不切断点火

电源。

5.1.55 吊带及钢丝绳标志缺失、失效。

5.1.56 消防设施缺陷（无喷嘴、喷管龟裂、外壳锈蚀、超压等）。

5.1.57 手砂轮作业护目镜缺失。

5.1.58 高处作业安全带缺失。

5.1.59 高处作业安全防护栏缺失。

5.1.60 安全帽体损伤、缓冲垫破损等。

5.1.61 普通车辆 GPS 缺失、失效。

5.1.62 电缆拉力强度不达标。

5.1.63 砂轮机砂轮片破损。

5.1.64 遮阳篷缺失。

5.1.65　急救箱药品缺失、失效。

5.1.66　其他类似情况。

5.2　较大隐患

5.2.1　危险品运输车辆 GPS 缺失、失效。

5.2.2　钢丝绳严重磨损超过 10% 或钢丝绳有毛刺。

5.2.3　装射孔弹时地面铺垫缺失。

5.2.4　电缆剪切装置缺失、失效。

5.2.5　带压防喷设备设施缺陷（注脂泵不工作，防喷管密封不严，封井器密封不严，法兰盘及配套钢圈与井队设施不匹配等）。

5.2.6　危险品运输车静电接地带缺失、失效。

5.2.7 民爆物品、放射源防盗报警装置缺失、失效。

5.2.8 仪器下井后绞车无动力（传动系统、液压系统、电控系统出故障等）。

5.2.9 绞车刹车系统失效。

5.2.10 承重设备和提升设备缺失、失效。

5.2.11 桥塞工具有缺陷。

5.2.12 传爆管安装长度超过扶正套端面。

5.2.13 民爆物品静电释放装置缺失、失效。

5.2.14 民爆物品没有完全引爆。

5.2.15 电雷管防护仓缺失。

5.2.16 民爆物品施工现场接地

不良。

5.2.17　放射源防护设施缺失、失效。

5.2.18　外接电源线导电体裸露。

5.2.19　下井仪器固定螺丝松动。

5.2.20　下井仪器护帽、堵头有裂纹。

5.2.21　下井仪器连接部分固定不牢。

5.2.22　防爆箱锁具缺失、失效。

5.2.23　防静电接地护腕缺失、失效。

5.2.24　车辆接地线缺失、失效。

5.2.25　民爆物品施工现场与射频设施安全距离不够。

5.2.26　钻具传输测井工具有缺陷（湿接头、旁通短节有裂纹等）。

5.2.27　民爆物品压力安全防爆装置缺失、失效。

5.2.28　射孔面板防止误操作连锁装置缺失、失效。

5.2.29　其他类似情况。

5.3　重大隐患

5.3.1　放射性仪器上固定放射源的螺丝缺失。

5.3.2　装卸放射源没有严密封盖井口或防喷管口。

5.3.3　雷雨天气进行民爆物品施工。

5.3.4　民爆物品防爆箱缺失。

5.3.5　用散装炸药装填爆炸筒。

5.3.6　性质相抵触的民爆品

混装。

5.3.7　其他类似情况。

6　固井专业

6.1　一般隐患

6.1.1　消防器材缺失或失效。

6.1.2　罐内储物标识不明确。

6.1.3　罐体变形或锈蚀。

6.1.4　罐体附件缺失或损坏。

6.1.5　设备性能缺陷。

6.1.6　化工物料标注不清或标识不全,容器破损。

6.1.7　固井作业区域警戒、隔离设施缺陷。

6.1.8　吊钩锁舌、限位装置等安全附件缺失或失效。

6.1.9　钢丝绳(包括吊装钢丝绳、背罐车钢丝绳等)存在断丝、断股、磨损超过使用极限。

6.1.10 高、低压管线密封圈老化,水管线、气管线、灰管线老化开裂。

6.1.11 榔头等工具手把松动、破裂、有油污。

6.1.12 用电设备、仪表、液罐等接地缺陷。

6.1.13 电线、仪表线连接或走向缺陷,绝缘失效。

6.1.14 移动用电设备漏电保护装置缺失或失效。

6.1.15 高、低压管线连接固定有缺陷。

6.1.16 高压管线或旋塞卡簧、卡块缺失或失效。

6.1.17 返浆管线固定缺陷。

6.1.18 水泥头挡销失效。

6.1.19 配电箱防雨设施缺失或失效。

6.1.20 夜间施工照明不足。

6.1.21 钻台上管线工具凌乱。

6.1.22 动力设备旋转部件的护罩缺失或失效。

6.1.23 井场狭窄,井场应急通道不畅。

6.1.24 仪表、通信设施缺陷或失效。

6.1.25 其他类似情况。

6.2 较大隐患

6.2.1 灰罐地基强度不够。

6.2.2 灰罐、压风机压力表缺失或失效;空气呼吸器、硫化氢检测仪失效。

6.2.3 灰罐压力表、安全阀安装

缺陷。

6.2.4　其他类似情况。

6.3　重大隐患

6.3.1　水泥试验参数不符合设计要求。

6.3.2　施工现场水泥浆配制药水被污染。

6.3.3　施工现场固井用隔离液被污染。

6.3.4　固井施工中注替排量、注入浆体数量及顶替计量、浆体密度等参数与设计严重不符。

6.3.5　施工中向井内注入隔离液被污染，向配浆设备供送配浆药水被污染。

6.3.6　注水泥浆施工中管柱发生短路循环。

6.3.7　注替水泥浆施工中,水泥车或钻井泵等关键设备发生故障,中停时间超过 30 分钟。

6.3.8　尾管固井替浆完成后,抢起送入钻具至安全井段时,钻机提升系统发生故障。

6.3.9　其他类似情况。

7　压裂酸化专业

7.1　一般隐患

7.1.1　液罐、酸罐、砂罐防护栏或生命线缺失或失效。

7.1.2　液罐、酸罐接地缺失或失效。

7.1.3　液罐、酸罐、砂罐吊点失效。

7.1.4　配酸罐过滤装置缺失或失效。

7.1.5 罐体蝶阀缺陷或失效。

7.1.6 增压泵密封件缺陷或失效。

7.1.7 砂罐刀闸缺陷或失效。

7.1.8 破袋器固定失效。

7.1.9 供液系统过滤装置缺失。

7.1.10 低压管汇缺陷。

7.1.11 仪表车接地缺失或失效。

7.1.12 高压管线连接落地弯头枕木缺失。

7.1.13 井场施工安全通道堵塞。

7.1.14 未按规定使用劳保护具。

7.1.15 作业工具(榔头、扳手等)缺陷。

7.1.16　高压管线缠带污损或失效。

7.1.17　车辆消防设备缺失或失效。

7.1.18　加油设施与发电机或电源设备安全距离不足。

7.1.19　电源线或仪表线连接及走向缺陷。

7.1.20　吊装作业未正确使用牵引绳,吊具缺陷(长度不够或强度不够)。

7.1.21　夜间作业照明不足。

7.1.22　其他类似情况。

7.2　较大隐患

7.2.1　液罐电源线绝缘失效。

7.2.2　空气呼吸器、硫化氢报警仪或可燃气体报警仪失效。

7.2.3　移动用电设备漏电保护装置有缺陷。

7.2.4　施工中管线刺漏。

7.2.5　砂罐、酸罐、液罐地基不牢。

7.2.6　发电机漏电保护装置缺失。

7.2.7　仪表车监控设备失效。

7.2.8　高压管线连接缺陷。

7.2.9　地面数据采集系统失效。

7.2.10　其他类似情况。

7.3　重大隐患

7.3.1　超压导致井口失控。

7.3.2　高压管线未按规定检测。

7.3.3　压裂车超压保护装置失效。

7.3.4　其他类似情况。

8 连续油管专业

8.1 一般隐患

8.1.1 安装井口时,方井护栏缺失。

8.1.2 作业现场标识、标志、警示隔离设置缺陷。

8.1.3 扶梯护栏、梯子安全固定销缺失。

8.1.4 高处作业安全设施缺陷(无生命线、无护栏)。

8.1.5 夜间作业照明不足。

8.1.6 吊车大钩钢丝绳绳卡固定不符合标准。

8.1.7 钢丝绳或吊绳有毛刺、断丝、断股及磨损超出使用极限。

8.1.8 吊装作业未使用牵引绳。

8.1.9 临边作业防护链设置

不全。

8.1.10 连续油管辅车卷筒钢丝绳出现缠绕、跳槽。

8.1.11 安全通道堵塞。

8.1.12 消防器材缺陷。

8.1.13 安全警示标识破损。

8.1.14 高压管汇连接部分有缺陷。

8.1.15 高压管线存在缺陷。

8.1.16 钻台上管汇、工具摆放凌乱。

8.1.17 连续油管吊索钢丝绳变形。

8.1.18 连续油管作业橇装设备吊环限位销缺失。

8.1.19 吊具有缺陷。

8.1.20 空气呼吸器、H_2S 气体

检测仪、可燃气体检测仪失效。

8.1.21　高处作业工作平台缺失。

8.1.22　吊钩挡销舌失效。

8.1.23　连续油管车与架空线的高空距离不足。

8.1.24　注入头操作台防护栏缺失。

8.1.25　连续油管主车滚筒有杂物及锈蚀。

8.1.26　绷绳地锚连接强度不足(钢丝绳变形、断丝、断股和直径未达规范要求,地锚未使用大于2t移动式地锚)。

8.1.27　作业现场(高压区、注入头)监控摄像头失效、缺失。

8.1.28　液氮作业用防冻手套

破损。

8.1.29 高处作业保险带缺陷。

8.1.30 安全帽帽体损伤、顶带、后箍、下颚带、缓冲垫破损。

8.1.31 应急药品缺失,急救包内所配置的药品、药品清单及使用说明缺失。

8.1.32 连续油管固定缺陷(固定不牢固、无备用固定装置)。

8.1.33 连续油管与井下工具连接装置缺陷。

8.1.34 连续油管排列不整齐。

8.1.35 其他类似情况。

8.2 较大隐患

8.2.1 吊装作业时,地面安全距离不足,与高空设施安全距离不足,地面强度不够。

8.2.2 井口装置失效。

8.2.3 高压管线缠绕带缠绕不规范。

8.2.4 辅车吊车限位装置缺失或失效。

8.2.5 其他类似情况。

8.3 重大隐患

8.3.1 注入头吊绳、吊具失效。

8.3.2 连续油管防喷盒失效（胶芯磨损严重、液压油压力不足、防喷盒液缸变形）。

8.3.3 其他类似情况。

9 油气田地面建设专业

9.1 一般隐患

9.1.1 氧气、乙炔瓶安全距离小于5m。

9.1.2 氧气瓶、乙炔瓶烈日下

曝晒。

9.1.3　乙炔瓶、氧气瓶无瓶帽或防震圈。

9.1.4　乙炔瓶、氧气瓶气管老化或龟裂。

9.1.5　乙炔瓶、氧气瓶未安装回火装置。

9.1.6　乙炔瓶无防倾倒装置。

9.1.7　场站施工四口（楼梯口、电梯口、预留洞口、通道口）和五临边（楼面临边、屋面监边、阳台临边、升降口临边、基坑临边）无临边硬围护。

9.1.8　堆管场堆管层数超过规定,无稳管措施和安全标志。

9.1.9　在危险作业区域无安全警示标识或标识与现场安全要求不符。

9.1.10　公路穿越作业时,无醒目警示标识。

9.1.11　砂轮机砂轮片破损。

9.1.12　设备旋转部分无防护措施。

9.1.13　斜坡地段,设备停放未设置三角木。

9.1.14　临时过沟便桥搭设不牢(便桥宽度、材质、搭头长度不符合规定)。

9.1.15　管沟、基坑边缘不稳定,孤石未清理。

9.1.16　发电设备内堆放杂物。

9.1.17　高处作业人员未配置工具袋。

9.1.18　管线、场站试压作业时没有张贴警示或公告等宣传单。

9.1.19　管线或场站试压作业时没有书面告知沿线试压区域村、镇、县等有关单位。

9.1.20　使用不符合量程范围的压力表。

9.1.21　空气压缩机的空压罐未校验。

9.1.22　空气压缩机和水压机等试压设备存在跑、冒、滴、漏现象。

9.1.23　试压设备至被试压设备之间管线无固定、加固措施。

9.1.24　没有及时填写试压时的各种记录表或填写不规范、不完整。

9.1.25　试压、发电等设备区域没有配备消防设备。

9.1.26　大型吊装作业不按"吊装方案"执行。

9.1.27 吊装作业人员没有资质。

9.1.28 吊装区域未有效保护气瓶、电线、油料等的措施。

9.1.29 被吊物件没有防止物件可能摆动的固定绳索。

9.1.30 重物棱角处与钢丝绳、人造纤维吊带之间无补垫等锐边保护措施。

9.1.31 吊装区域没有专门的安全人员检查、巡视。

9.1.32 吊装作业使用自制吊具。

9.1.33 公路边吊装时没有在前后安全位置设置安全人员监护和警示牌标识。

9.1.34 吊装旋转区域有人员走

动,指挥人员也在旋转区域。

9.1.35 四木搭吊装支撑脚没有瓦垫、变形、弯曲。

9.1.36 四木搭搭设不稳、受力点不一致、位置选择不当。

9.1.37 四木搭搭设在斜坡、临边时没有防倾倒措施。

9.1.38 吊装用四木搭、手拉葫芦不适合被吊物重量,选择不当。

9.1.39 管沟内吊装使用木棒、钢管等担在管沟上吊装。

9.1.40 直接用手拉葫芦的吊链当吊带使用吊装物件。

9.1.41 使用不具备吊装能力(功能)的挖掘机等其他机械吊装。

9.1.42 吊车、挖掘机等设备的操作臂在不使用时没有完全收回,进行安全放置。

9.1.43 吊装设备及被吊物件离高空障碍物(电线、房屋、树木等)没有足够的安全距离。

9.1.44 吊车、挖掘机、移动电站等机械设备的驾驶室或操作室内放置杂物。

9.1.45 吊车、挖掘机、移动电站等机械设备没有配备消防设备。

9.1.46 吊车、挖掘机、移动电站等机械设备的灯、反光镜、门等设备附件缺失或损坏。

9.1.47 吊车支腿未全部伸开。

9.1.48 吊车支腿未加设垫木。

9.1.49 吊钩无防脱钩装置。

9.1.50 发电机离油料和气瓶等易燃、易爆物品没有安全距离。

9.1.51 发电机没有消防设备或是消防设备距离发电机、油料过近。

9.1.52 发电机值守人员离发电机较远或是没有专人值守。

9.1.53 发电机无专用固定油箱。

9.1.54 发电设备不能满足现场用电需求(负荷)。

9.1.55 发电设备接地不符合要求。

9.1.56 发电机的外露旋转部分没有安全防护措施。

9.1.57 发电机至配电箱的电源电缆没有架空或直埋敷设。

9.1.58 电源线布放凌乱、相互缠绕或与压力气管缠绕。

9.1.59 临时用电使用的电缆线

外绝缘层有破损、包扎不符合要求现象。

9.1.60　电源电缆线的接头、绝缘包扎、防水、防压处理不符合要求。

9.1.61　现场用电设备使用护套线、花线、BV 单芯线。

9.1.62　配电箱、开关箱未标识控制用电设备。

9.1.63　配电箱无支架,随地摆放。

9.1.64　配电箱不关锁门,无警示、标识,无属地责任牌。

9.1.65　配电箱进线口有金属锐边,电缆进入无防护措施,箱内有杂物。

9.1.66　电源线在配电箱内布线没有横平竖直接线。

9.1.67 电源线在配电箱内布线从其他开关面板上通过,影响开关操作。

9.1.68 电源线在接线端子连接不可靠,接线不符合要求。

9.1.69 电源线、焊把线圈挂在不绝缘的挂钩上。

9.1.70 配电箱内开关或设备固定不牢固、可靠。

9.1.71 控制开关没有安装在配电箱体内,使用闸刀开关控制设备。

9.1.72 箱内 PE 线与门连接不可靠、断开。

9.1.73 PE 线线色、规格、连接方式不符合要求。

9.1.74 接地极使用螺纹钢。

9.1.75 接地极埋设深度不够、

连接不可靠。

9.1.76 用电设备外壳无接地。

9.1.77 电源电压大于 36V,灯体与手柄不坚固、绝缘不良好,并不耐热耐潮湿,灯头与灯体结合不牢固,灯头无开关,灯泡外部无金属保护网。

9.1.78 脚手架未设置上下通道。

9.1.79 脚手架立杆底部未加设垫木。

9.1.80 脚手架、钢结构等金属构架无临时接地或接地点位数量不足。

9.1.81 手砂轮、电钻、焊把外观破损,附件缺失。

9.1.82 施工作业现场使用一般家用插座板,插座板无防雨、防水、防踏踏措施。

9.1.83 用电设备直接用线插入插座接口,没有专用插头。

9.1.84 现场没有万用表、试电笔等电工作业工具。

9.1.85 吊装区域未设置警戒区。

9.1.86 电气设施未实行"一箱、一锁"。

9.1.87 施工现场使用民用电器开关。

9.1.88 施工现场使用碘钨灯。

9.1.89 发电设备油水跑、冒、滴、漏。

9.1.90 发电设备无防雨、防晒措施。

9.1.91 受限空间无通风措施。

9.1.92　受限空间作业沟通联络不畅通。

9.1.93　其他类似情况。

9.2　较大隐患

9.2.1　试压打压区域、放空区域未设置警戒区，无专人监护。

9.2.2　试压区域无专人进行安全巡视、检查。

9.2.3　打压区域及放空区域离公路、人行道、住家户没有足够的安全距离。

9.2.4　压力表未校验。

9.2.5　管线连接法兰螺栓未按规范紧固。

9.2.6　吊装作业无专人指挥。

9.2.7　吊装设备超负荷作业。

9.2.8　吊装设备无限位装置或

限位装置损坏。

9.2.9 吊车、挖掘机、移动电站等机械设备在旋转、液压管、发动机等部位放置工具及杂物等。

9.2.10 钢丝绳、吊具达到报废标准。

9.2.11 大雨、超六级大风进行吊装作业。

9.2.12 吊装设备无力矩限制器。

9.2.13 吊钩开口度严重增大。

9.2.14 吊钩受力断面严重磨损。

9.2.15 人造纤维吊带磨损达原绳股⅓。

9.2.16 电气设施未实行"一机、一闸、一漏"。

9.2.17　开关箱中漏电保护器的额定漏电动作电流大于30mA,额定漏电动作时间大于0.1s。

9.2.18　使用于潮湿条件的漏电保护器应采用防溅型产品,其额定漏电动作电流大于15mA,额定漏电动作时间大于0.1s。

9.2.19　隧道、高温、有导电灰尘、比较潮湿或灯具离地面高度低于2.5m等场所的照明,电源电压大于36V。

9.2.20　潮湿和易触及带电体场所的照明,电源电压大于24V。

9.2.21　特别潮湿场所、导电良好的地面照明,电源电压大于12V。

9.2.22　高压用电设备可导电金属部件绝缘层破损。

9.2.23 堆土距离管沟、基坑边缘不足1m。

9.2.24 设备停放位置距离管沟、基坑边缘不足1m。

9.2.25 管沟、基坑无逃生通道。

9.2.26 管沟、基坑开挖边坡系数不足。

9.2.27 受限空间作业无监护人。

9.2.28 受限空间防坍塌措施不到位。

9.2.29 高处作业物件未绑捆固定。

9.2.30 高处作业铺设钢格板未固定。

9.2.31 高处作业(平台)无防护栏杆。

9.2.32 脚手架未使用扣件搭设。

9.2.33 放射作业区域无警示标志。

9.2.34 放射作业人员未配置放射性剂量牌。

9.2.35 放射作业区域安全距离不足。

9.2.36 两种易燃易爆物品混装。

9.2.37 采用塑料桶存放或运输汽油、柴油。

9.2.38 运管车上钢管捆绑不牢。

9.2.39 涉水作业未按规范配置救生衣、救生圈等防护物品。

9.2.40 电源进线从户外箱顶部

进入。

9.2.41 其他类似情况。

9.3 重大隐患

9.3.1 管线试压时,放空管线管口朝向房屋、道路。

9.3.2 试压介质与设计要求不符。

9.3.3 吊装设备无限位装置或限位装置损坏。

9.3.4 受限空间存在易燃易爆物料或有毒有害气体。

9.3.5 受限空间动火作业未进行清洗、置换、通风。

9.3.6 放射源防护设施缺失、失效。

9.3.7 装卸放射源无法严密盖井口。

9.3.8　爆破仓储未按国家规定选址和设置安保设施。

9.3.9　隧道施工未按规范标准设置支护、通风等。

9.3.10　深基坑作业时圆心距5m范围内有其他振动、交叉作业。

9.3.11　高压输出电杆圆心距5m内无防护措施进行动土作业。

9.3.12　其他类似情况。

10　交通运输专业

10.1　一般隐患

10.1.1　驾驶室、车厢、罐体、吊车车体锈蚀严重,驾驶室或操纵室破损。

10.1.2　车辆润滑油、冷却液、液压油缺失或数量不足。

10.1.3　车辆零部件漏油、漏水、

漏气。

10.1.4　刹车、方向、传动系统的锁销、开口销或弹簧销缺失、失效。

10.1.5　刹车灯、转向灯、示宽灯等灯光缺失。

10.1.6　车辆雨刮器失效。

10.1.7　轮胎气压不符合要求，或轮胎磨损超过使用极限。

10.1.8　车辆车厢连接螺栓、钢板"U"形卡、驾驶室固定螺丝等非关键部位连接失效或缺失。

10.1.9　车辆未安装 GPS 监控终端或 GPS 监控终端失效。

10.1.10　车辆安全带等安全装置缺失或失效。

10.1.11　车辆转向、制动、传动、吊车上车部分的连接螺栓或销轴固定失效、松动。

10.1.12　车辆紧急制动失效;驻车制动失效;排气制动失效。

10.1.13　车辆方向机拉杆松动,横(直)拉杆球头松动,方向机故障。

10.1.14　车辆传动轴十字节松动,连接螺栓缺失,传动轴缺陷。

10.1.15　背罐车液压千斤保险绳磨损超标,无液压安全锁,吊耳及挂钩存在缺陷。

10.1.16　车辆随车工具、附件未固定。

10.1.17　吊车平台堆放杂物。

10.1.18　吊车滑轮组防跳槽装置缺失。

10.1.19　吊车水平仪损坏;车辆行驶时,不插转盘和支腿锁销。

10.1.20 吊车大钩、小钩锁舌缺失或失效。

10.1.21 车辆附件缺失或增加非标准车辆附件。

10.1.22 车辆无 GPS 监控终端或 GPS 失效。

10.1.23 车载灭火器缺陷(未配备、欠压、过压、喷管龟裂、不易取出等)。

10.1.24 车辆无应急包,或应急药品缺失、过期。

10.1.25 危险化学品车辆安全警示标识不清或缺失;"三超"物资运输未使用安全警示标志;车辆临时停放时未设置安全标识。

10.1.26 装运货物捆绑绳、葫芦存在缺陷。

10.1.27　装运货物捆绑绳棱角处未使用防护垫块。

10.1.28　冰雪、泥泞路面行车无防滑链。

10.1.29　车辆夜间行驶灯光亮度不够或失效。

10.1.30　运输过程中捆绑绳松动。

10.1.31　车辆停放地点处于弯道、逆向、危险区域等地段。

10.1.32　车辆停放在坡度上时未垫三角木或无防溜滑装置。

10.1.33　停车场消防设施缺失、应急通道堵塞。

10.1.34　修理设备设施缺陷。

10.1.35　修理车间及设备线路裸露、电气开关破损等。

10.1.36 电器设备的安全附件缺失。

10.1.37 修理设备旋转部位防护装置缺失或失效。

10.1.38 修理设备漏电保护装置缺失或失效。

10.1.39 修理设备摆放凌乱。

10.1.40 修理作业场所 HSE 警示标志缺失。

10.1.41 油料库房未使用防爆灯。

10.1.42 照明工作灯未使用安全电压。

10.1.43 氧气瓶、乙炔瓶无防护钢帽或减震胶圈。

10.1.44 氧气表、乙炔表无检验合格证或缺失。

10.1.45　氧气瓶、乙炔瓶的管线不符合相关规定或龟裂。

10.1.46　乙炔瓶瓶口无防回火装置。

10.1.47　切割机、砂轮磨损超标;砂轮机防护罩、托板缺失。

10.1.48　电焊机输出极(直流正极)裸露,电源线老化严重。

10.1.49　千斤顶漏油或失效。

10.1.50　其他类似情况。

10.2　较大隐患

10.2.1　进入油气区车辆无阻火装置。

10.2.2　危险化学品运输车辆的罐体破损,闸阀及输送设备缺陷。

10.2.3　危险化学品运输车静电释放装置缺失或失效。

10.2.4　危险化学品运输驾驶员和押运员的工作服无防静电标识。

10.2.5　危险化学品车辆应急救援器材缺失或失效。

10.2.6　货物无吊点或吊点存在缺陷。

10.2.7　吊车起重机液压机构、液压安全锁、结构件存在缺陷。

10.2.8　吊车主绳及吊索具磨损超过10%,断股等达到报废标准。

10.2.9　吊索具存在缺陷或不合格。

10.2.10　修理行车安全装置或连锁装置失效;吊索具缺陷。

10.2.11　氧气瓶、乙炔瓶存放或使用过程中安全距离不足。

10.2.12　其他类似情况。

10.3　重大隐患

10.3.1　吊车起重机安全装置缺失或失效。

10.3.2　载人车辆、危险化学品车辆安全装置缺失。

10.3.3　载人车辆、危险化学品车辆运行过程中,刹车、方向失灵。

10.3.4　吊臂作业范围与高压线安全距离不足。

10.3.5　吊装支撑基础不牢。

10.3.6　道路明显存在承载缺陷。

10.3.7　油罐车与火源安全距离不足。

10.3.8　其他类似情况。

11　消防安全

11.1　一般隐患

11.1.1　消防标识缺失。

11.1.2 消防器材失效。

11.1.3 消防通道有遮挡,未保持畅通。

11.1.4 消防门损坏或变形。

11.1.5 消防水管线泄漏。

11.1.6 消防水泵故障。

11.1.7 消防水池蓄水不足。

11.1.8 室内使用焰火。

11.1.9 易燃、易爆物品未分类存放。

11.1.10 灭火器材摆放位置不当。

11.1.11 灭火器数量不足或型号不对。

11.1.12 消防供电负荷等级和消防配电达不到规定要求,乱拉电气线路,乱接电器设备,或电气线路严重老化等。

11.1.13　电器插座、开关外表破损。

11.1.14　配电箱无过载、漏电保护装置。

11.1.15　电气设备的类型与使用场所不相适应,电气设备接触不良、缺乏安全装置。

11.1.16　排烟烟道、送风通道堵塞;风机不能正常启动,送风阀、排烟阀不能打开。

11.1.17　易燃易爆危险场所未按规定设置防爆泄压、防静电设施和防爆电气设备等。

11.1.18　应急照明设施不全或故障。

11.1.19　应急疏散指示不能点亮或设置位置不当。

11.1.20　应急救援物资有损坏或缺失。

11.1.21　其他类似情况。

11.2　较大隐患

11.2.1　消防设备设施配置不全。

11.2.2　消防通道堆放易燃、易爆物品。

11.2.3　消防通道锁闭或堵塞。

11.2.4　厨房燃气泄漏报警装置缺失或故障。

11.2.5　其他类似情况。

11.3　重大隐患

11.3.1　消防报警系统、消防喷淋系统因设备故障停运。

11.3.2　燃气管线发生泄漏。

11.3.3　其他类似情况。